Gerit Kopietz / Jörg Sommer

Fit im Straßenverkehr

4–7 Jahre

Bilder von Helmut Kollars

Annette Betz Verlag

Schau genau

Wie du sicher über die Straße kommst

Kerstin und Felix sind Geschwister. Kerstin wird bald neun und geht schon in die zweite Klasse. Und Felix ist gerade sechs geworden. Nächstes Jahr kommt er in die Schule. Heute holt ihn seine Schwester vom Kindergarten ab. Denn sie hat Herbstferien.

Felix ist schon ganz aufgeregt. Als er aus dem Kindergarten kommt, ist Kerstin aber nirgends zu sehen. Felix schaut sich um. Dort, auf der anderen Straßenseite, kommt sie. Sie hat sich verspätet. Felix winkt und läuft los. Gerade will er auf die Straße flitzen, als ihn eine Hand an der Jacke packt. Felix dreht sich um und schaut in das Gesicht von Frau Habicht, der Kindergartenleiterin. »Aber Felix! Du weißt doch, dass du nie ohne zu schauen auf die Straße laufen sollst.« Felix nickt. Tatsächlich. Er weiß es eigentlich ganz genau. Aber eben war er einfach zu aufgeregt. Nun ist Kerstin herübergekommen.

Frau Habicht fordert Felix auf: »Nun zeige mal deiner Schwester, wie du richtig über die Straße gehst.«

Felix fasst entschlossen Kerstins Hand. Er führt sie zwischen den parkenden Autos hindurch bis zu der Stelle, wo er die Straße genau überblicken kann. Dann schaut er in beide Richtungen. Als die Straße frei ist, schaut er noch einmal in beide Richtungen und überquert dann zügig, aber ohne zu rennen, die Straße.

»Bravo!«, ruft Frau Habicht von der anderen Straßenseite: »So machst du es immer, Felix, auch wenn du aufgeregt bist. Versprochen?«

»Versprochen!«, ruft Felix zurück. Dann beeilen sich die beiden, um zum Mittagessen nach Hause zu kommen.

Tolle Tipps

- Auch wenn ein Auto hält, um dich über die Straße zu lassen: Warte kurz, ob es nicht überholt wird.
- Geh nie in einer Kurve über die Straße!
- Renne nie über die Straße!
- Wenn ein Auto für dich hält: Suche vor dem Loslaufen Blickkontakt mit dem Fahrer!

Lange Wege

Autos, die schnell fahren, brauchen auch eine lange Strecke, um anhalten zu können. Deshalb ist es wichtig, nicht nur zu erkennen, wie weit ein Auto entfernt ist, sondern auch wie schnell es fährt. Hier siehst du, wie lange ein Auto bei unterschiedlichen Geschwindigkeiten braucht, um anhalten zu können:

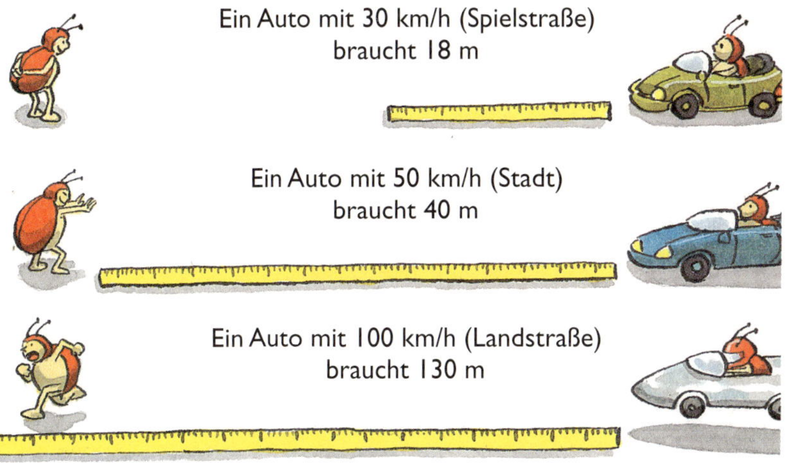

Durchblicker-Test

Kerstin, Felix und ihre Freunde wollen über die Straße zum Spielplatz. Aber nicht alle geben Acht. Welche beiden Kinder machen etwas falsch?

Auflösung
- *Ein Kind rennt über die Straße, das ist gefährlich.*
- *Ein Kind schaut in die falsche Richtung und sieht das näher kommende Auto nicht.*

Rot heißt stehn und grün heißt gehn

Wie Fußgängerampeln und Zebrastreifen helfen

Felix und sein Freund Nico waren auf dem Spielplatz. Jetzt wollen sie zu Nico nach Hause. Denn er will Felix seine neue Autorennbahn zeigen. Nico drängelt: »Los, Felix, beeil dich, sonst gibt es bei uns Abendessen. Dann haben wir keine Zeit mehr für die Rennbahn. Nico schaut kurz nach rechts und links und will dann über die Straße flitzen.
Doch Felix hält ihn zurück: »Mensch, Nico, da vorne ist doch eine Ampel.«

Nico schüttelt den Kopf: »Das ist doch ein Umweg.« Aber Felix bleibt stur: »Lieber einen Umweg machen als unter dem Auto liegen. Komm , wir gehen zur Ampel.« Nico schimpft, aber er folgt Felix. An der Ampel warten beide, bis sie grün haben. Dann gehen sie hinüber und biegen um die nächste Ecke. Kurz darauf sehen sie schon das Haus von Nicos Eltern – auf der anderen Straßenseite. Nico schaut Felix kurz an: »Ja, ja, ich weiß schon, wir nehmen den Zebrastreifen."

Nico und Felix flitzen zum Zebrastreifen. Felix hält am Bordstein an. Nico flitzt weiter: »Komm schon, wir haben doch Vorfahrt.« In dieser Sekunde ertönt ein lautes Quietschen und nur wenige Zentimeter vor dem erschrockenen Nico bleibt ein Auto stehen. Hinter dem Steuer sitzt ein schuldbewusster Autofahrer. Felix läuft zu Nico und geht mit ihm zusammen über die Straße.
Nico schimpft: »Der musste doch anhalten, am Zebrastreifen.«

Felix nickt: »Stimmt, aber viele Autofahrer denken gerade nicht daran. Deshalb musst du auch vor dem Zebrastreifen stehen bleiben und schauen, ob wirklich alles frei ist. Nico nickt: »Das mache ich auch. Mensch, war das ein Schreck!«

Tolle Tipps

- Der Umweg zu einer Ampel oder einem Zebrastreifen lohnt sich – immer!
- Verlass dich nicht auf andere. Auch an der Ampel oder am Zebrastreifen solltest du gut auf die Autos achten.
- Strecke am Zebrastreifen immer die Hand aus – sonst kannst du lange warten.

Straßen überqueren

Es gibt unzählige Möglichkeiten, das Überqueren der Straße für Fußgänger sicherer zu machen. Hier siehst du einige davon. Welche sind besonders sicher?

Zebrastreifen

Fußgängerbrücke

Unterführung

Schülerlotsen

Ampel

Durchblicker-Test

Mächtig viel Verkehr hat es hier. Viele Menschen wollen über die Straße. Aber nicht alle passen auf. Welche drei gefährlichen Situationen findest du?

Auflösung:
- *Ein Kind geht bei Rot über die Ampel.*
- *Ein Kind rennt über einen Zebrastreifen.*
- *Zwei Freunde gehen neben dem Zebrastreifen über die Straße.*

Schau den Autos ins Gesicht

Wie du dich als Fußgänger neben der Straße verhältst

Kerstin und ihre Freundin Mira sind auf dem Weg zur Schule. Sie haben es nicht weit und bei schönem Wetter gehen die beiden gerne zu Fuß. Vor sich sehen sie Gerd und Hannes. Beide gehen zu Kerstin und Mira in die Klasse.

»Gerd und Hannes haben wieder nur Quatsch im Kopf«, meint Mira. Tatsächlich rempeln sich die beiden immer wieder übermütig mit ihren Schulranzen an. Dann balancieren sie auf der Bordsteinkante, ganz dicht neben den vorbeifahrenden Autos. Kerstin schüttelt den Kopf: »Die beiden tun so, als ob es keine Autos gäbe.«

Mira lächelt: »Denen jagen wir jetzt einen gehörigen Schrecken ein.« Sie schleichen sich an Gerd und Hannes an, die mittlerweile ganz wild miteinander raufen. Kerstin grinst, als sie sieht, wie Mira eine dicke Hupe aus ihrer Schultasche zieht. Dann lauern die beiden. Schließlich geschieht's: Gerd verliert beim Raufen das Gleichgewicht und stolpert rückwärts einige Schritte auf die Straße. Zum Glück kommt gerade kein Auto. Aber Mira drückt kräftig auf die Hupe.

Zu Tode erschrocken springt Gerd zurück auf den Gehweg. Kerstin und Mira lachen laut. Dann wird Mira ernst: »Sei froh, dass ich kein Laster bin, Gerd. Sonst wärst du jetzt platt.« Gerd will schimpfen, aber Hannes hält ihn zurück: »Mira hat Recht. Wir haben wirklich nicht aufgepasst.« Den Rest des Weges gehen die vier zusammen – und sie passen mächtig auf!

Tolle Tipps

- Geh auf dem Gehweg immer innen, das heißt weit weg vom Straßenrand.
- Gerangelt und gerauft wird nie, nie am Straßenrand. Dabei passieren die meisten Unfälle.

Gehweg nur für Fußgänger

Auf einem Gehweg dürfen grundsätzlich nur Fußgänger unterwegs sein. Egal, ob er durch ein Zeichen gekennzeichnet ist oder nicht. Autos dürfen darauf nicht fahren. Und auch nicht geparkt werden. Wer es doch tut, bekommt einen Strafzettel, wenn die Polizei es sieht. Auch Fahrradfahrer haben auf dem Gehweg nichts verloren. Nur Kinder unter 10 Jahren dürfen noch auf dem Gehweg Rad fahren.
Kinder unter 8 Jahren müssen sogar auf dem Gehweg fahren. Dort ist es für sie sicherer als auf der Straße. – Aber sie müssen gut aufpassen, dass sie keine Fußgänger umfahren!

Durchblicker-Test

Vier Kinder sind es, die etwas verkehrt machen. Findest du Sie?

Auflösung:
- *Ein Kind balanciert auf der Bordsteinkante.*
- *Ein Kind geht in der Seitenstraße auf der Straße statt auf dem Gehweg.*
- *Zwei Kinder spielen dicht am Randstein Fangen, eines läuft dabei sogar auf die Straße.*

Busfahren will gelernt sein

Wie du unfallfrei den Bus benützt

Heute regnet es in Strömen. Da benutzt Kerstin den Bus, um von der Schule nach Hause zu fahren. An der Bushaltestelle stehen viele Schüler im Regen. Als der Bus endlich kommt, herrscht ein großes Gedränge und Geschiebe. Jeder möchte als Erster in den trockenen, warmen Bus und vielleicht sogar einen gemütlichen Sitzplatz bekommen! Kerstin aber ist schlau, sie hält sich zurück. Lieber wartet sie ein paar Sekunden länger, als dass sie vorne unter die Räder kommt. Im Bus muss Kerstin deshalb natürlich stehen. Aber weit ist die Fahrt ohnehin nicht. Sie hält sich an einer der Stangen fest. So hat sie einen sicheren Stand. Andere Kinder stehen frei im Fahrgastraum. Hannes spielt mit einem anderen Jungen sogar Fangen im Bus.

Plötzlich biegt vor dem Bus ein Auto in die Straße ein. Der Busfahrer muss scharf bremsen.

Es gibt einen starken Ruck. Kerstin kann sich festhalten. Im gleichen Moment aber fliegt Hannes an ihr vorüber und landet unsanft auf dem Gangboden. Auch andere Kinder fliegen durcheinander.

Der Busfahrer schimpft über den Autofahrer draußen und die Kinder drinnen. Zum Glück ist niemand schwer verletzt worden. Es hat ein paar blaue Flecken gegeben. Und Hannes blutet ein wenig aus der Nase. Der Busfahrer gibt ihm ein Taschentuch. Dann ermahnt er alle: »Unser junger Freund hier hat uns gezeigt, wie gefährlich turnen im Bus sein kann. Haltet ihr euch jetzt alle fest, wenn es weitergeht?«

Alle nicken eifrig mit dem Kopf – auch Hannes.

Schulbus oder Lehrerjet?

Nicht in allen Ländern bringen Schulbusse die Schüler zur Schule. In Australien zum Beispiel sind die Orte so weit auseinander, dass manche Lehrer zu ihren Schülern kommen. – Und weil die Entfernung so groß ist, mit dem Flugzeug!

Tolle Tipps

- Halte dich immer an einem sicheren Punkt an, wenn du im Bus stehen musst. Nicht an deinem Freund oder deiner Freundin.
- Gehe immer erst dann über die Straße, wenn der Bus abgefahren ist!
- Sei schlau und drängle nicht, wenn der Bus kommt. Wer beim Einsteigen wartet, ist dafür beim Aussteigen bei den Ersten!
- Toben, Rangeln und Raufen ist in Ordnung. Aber NIE an der Bushaltestelle – das kann ins Auge gehen.
- Der Bus ist ein Transportmittel, kein Spielplatz. Wer im Bus Fangen spielt, liegt schnell auf der Nase.

Durchblicker-Test

Die Schule ist aus, der Schulbus kommt – und fast alle Kinder verhalten sich richtig. Aber nicht alle. Erkennst du, an welchen drei Stellen gefährliche Situationen entstehen?

Auflösung:
- *In dem einen Bus turnen zwei Kinder auf den Sitzen herum.*
- *Neben dem anderen Bus raufen zwei Kinder.*
- *Zwischen den beiden Bussen läuft ein Kind über die Straße.*

Helles Köpfchen – helle Kleidung

Wie du als Fußgänger sichtbar bleibst

Felix ist ganz stolz auf seinen neuen Anorak. Er war mit Mama einkaufen. Nun hat er für den Winter einen extra auffälligen Anorak. Er leuchtet hellorange und hat sogar Reflektorstreifen an den Ärmeln und auf dem Rücken. Die leuchten im Dunkeln ganz hell, wenn ein Licht darauf fällt. Jetzt kann Felix auf seinem Weg zum Kindergarten nicht mehr übersehen werden.

Als Felix im Kindergarten ankommt, lacht sein Freund Nico ihn aus: »Haha, Felix ist in einen Farbtopf gefallen!« Frau Habicht, die Kindergartenleiterin, hört das und lächelt. »Nico, wir machen ein Experiment. Zieh deinen Anorak an und setz deine Mütze auf. Wir gehen jetzt alle in die Bastelbude.« Wenig später ist die Gruppe in dem kleinen Raum versammelt. Frau Habicht schließt die Rollläden und löscht das Licht. Felix' Anorak leuchtet hell in dem dämmrigen Zimmer. Von Nico sieht niemand etwas. Nico lacht: »Felix sieht ja aus wie ein Feuerwerk!«

Frau Habicht stimmt zu: »Richtig, Nico. Und jetzt stellt euch alle vor, ihr seid Autofahrer. Felix und Nico gehen über die Straße. Wen würdet ihr ganz bestimmt viel zu spät sehen und deshalb eher überfahren?«

»Nico!«, schallt es aus 22 Mündern. Frau Habicht schaltet das Licht wieder an: »Eben darum hat Felix so eine praktische Jacke. Und sie ist nicht nur praktisch, sie sieht auch noch toll aus.«

Felix strahlt. DAS muss er heute Mittag unbedingt Mama erzählen.

Tolle Tipps

- Helle Köpfe tragen helle Kleidung.
- Hänge Reflektoren an deine Kindergarten-tasche, deinen Schulranzen und an deine Jacke. Die gibt es in ganz tollen Farben und Formen.
- Wenn deine Eltern eine neue Jacke oder einen Schulranzen für dich kaufen, dann bitte sie, auf eingearbeitete Reflektoren zu achten.
- Auch dein Fahrrad kannst du sicherer machen: Mit Reflektormännchen zwischen den Speichen und an Lenker und Sattel.

Wen siehst du besser?

Hier siehst du Kerstin und Felix. Beide haben ganz unterschiedliche Kleider an. Damit wollen sie dir einmal zeigen, wie viel besser helle Kleidung ist. Vor allem in der Dämmerung und bei Dunkelheit. Felix hat extra helle Kleidung an, Kerstin trägt dunkle Sachen. Lehne das Buch an eine Wand und gehe drei Schritte zurück. Wen siehst du besser? Wann kannst du Kerstin kaum noch erkennen?

Durchblicker-Test

Es ist Winter und der Schulweg liegt noch im Dunkeln. Welche beiden Kinder haben eine gefährliche Kleidung an?

Auflösung:
- *Das Kind, das in dunkler Kleidung gerade auf die Straße läuft.*
- *Der Fahrradfahrer hat noch nicht einmal sein Licht an.*

Lieber gut sitzen als weit fliegen

Wie du dich im Auto richtig verhälst

Heute ist Felix ganz zappelig. Als er sich im Auto in seinen Kindersitz setzen soll, schüttelt er den Kopf: »Ich will nicht!«, ruft er. »Da kann man sich gar nicht bewegen.« Aber Mama schnallt ihn trotzdem an. »Sicher ist sicher«, sagt sie. »Und außerdem ist es Vorschrift. Schließlich möchtest du ja nicht durch die Scheibe fliegen, wenn ich plötzlich scharf bremsen muss.«

Felix sagt nichts mehr. Er schmollt. Als sie dann unterwegs sind, schnallt Felix sich heimlich ab. Er hüpft zwischen die Sitze und schaut frech nach vorn: »So sehe ich viel besser, Mama!«

Mama erschrickt. Sie schreit: »Felix! Schnall dich sofort wieder an, bevor etwas passiert. Ich kann jetzt nirgends halten.« An Mamas Ton merkt Felix, dass sie es ernst meint. Er krabbelt zurück in seinen Sitz, aber er bekommt seinen Gurt nicht mehr zu. Kerstin beugt sich zu ihm hinüber und hilft ihm.

»Geschafft!«, ruft sie schließlich und Mama atmet auf. Kurz dreht sie sich um: »Mach das nie wieder, Felix, das ist lebensgefährlich!«

Gleich dreht sich Mama wieder zurück und sieht vor sich eine Ampel, die auf Rot springt. Schnell tritt sie auf die Bremse. Felix und Kerstin rutschen nach vorn, aber beide sind ja sicher angeschnallt.

Als Mama steht, dreht sie sich noch einmal um: »Felix, hast du nun gemerkt, wie wichtig dein Kindersitz ist?«
Felix' Antwort kommt leise, aber deutlich hörbar: »Ja, Mama.«

Tolle Tipps

- Dränge bei langen Autofahrten zwischendurch auf eine Pause. Denn auch der Fahrer braucht von Zeit zu Zeit dringend Bewegung.
- Lass dir von deinen Eltern eine kleine Nackenrolle oder ein Kissen geben, wenn du auf langen Strecken schlafen willst. So bleibst du sicher sitzen und rutschst nicht zur Seite weg.
- Manche Kinder sind für den Kindersitz schon zu groß, aber für den Gurt noch etwas zu klein. Du auch? Mit einem Gurtstraffer kann der Brustgurt nach unten gezogen werden, so wirst du im Ernstfall nicht vom Gurt erwürgt.
- Fahre niemals unangeschnallt. Auch nicht die kleinste Strecke. Die meisten Unfälle passieren auf Kurzstrecken.

Schönen Flug

Wie wichtig es ist, im richtigen Sitz angeschnallt zu sitzen, merkt man erst, wenn es wirklich einmal knallt. Dann aber ist ohne die richtige Sicherung schon alles zu spät. Wusstest du, dass ein Aufprall mit nur 30 km/h einem Sturz aus 4 m Höhe entspricht?
Und bei 100 km/h sind es bereits 40 m Höhe.
Und das ohne sicher angeschnallt zu sein? Nein Danke!

Durchblicker-Test

Der Kindergarten ist aus. Viele Mütter holen ihre Kinder mit dem Auto ab. Doch dabei geht es gefährlich zu. Welche Kinder sind besonders gefährdet?

Auflösung:
- *Ein Kind sitzt vorn auf dem Beifahrersitz.*
- *Ein Kind lehnt sich weit aus dem hinteren Seitenfenster.*
- *So viele Kinder dürfen in keinem Auto mitfahren.*

Spielen geht nicht überall

Wie du Gefahren beim Spielen vermeidest

Felix und Kerstin sind unterwegs. Kerstin mit ihrem nagelneuen Fahrrad, Felix mit seinem turboschnellen Kettcar. Ihr Wohngebiet ist als »Zone 30« ausgeschildert. Die Autos dürfen hier nur 30km/h fahren. Aber es kommt ohnehin nur sehr selten ein Fahrzeug. Trotzdem staunen Felix und Kerstin nicht schlecht, als sie Gerd und Hannes sehen. Die beiden haben eine Schnur quer über die Straße gespannt und spielen darüber Federball.

Kerstin ist neugierig: »Und was macht ihr, wenn ein Auto kommt?« Gerd lacht: »Hier kommt doch fast nie eines. Und wenn, dann müssen die halt warten. Hier ist schließlich eine Spielstraße.«

Kerstin schüttelt den Kopf: »Eine Spielstraße ist das hier nicht.« »Doch, du siehst doch, dass wir spielen.«

Gerd und Hannes lachen. Dann spielen sie weiter. Gerd schlägt den Ball ganz hoch und weit, sodass Hannes weit rückwärts laufen muss. Aber der Federball fliegt trotzdem über ihn hinweg.

Hannes dreht sich um und erschrickt: Der Ball ist geradewegs auf einem grün-weißen Auto gelandet, das gerade in die Straße einbog. Das Auto hält und ein Polizist steigt aus. »Da hast du aber noch mal Glück gehabt, junger Mann. Stell dir vor, wir wären im Einsatz gewesen und mit 80 Sachen hier ums Eck gefegt...«

Der Polizist erklärt den beiden, dass Federball spielen auf der Straße gefährlich ist. »Raser gibt es immer und auch Rettungsfahrzeuge im Einsatz. Deshalb solltet ihr euch mit euren Schlägern und Bällen von der Straße fern halten.«

Tolle Tipps

- Laufe beim Ballspiel deinem Ball nie hinterher, wenn er auf die Straße rollt. Schau immer erst vorsichtig, ob ein Auto kommt.
- Auch eine verkehrsarme Nebenstraße ist kein Spielfeld. Wenn es aber gar nicht anders geht, dann ernennt einen von euch zum »Aufpasser«. Er spielt nicht mit, sondern hält nach dem Verkehr Ausschau.
- Spiel nie zwischen parkenden Fahrzeugen. Jedes parkende Auto fährt irgendwann los.

Die Spielstraße

Zum Glück gibt es immer mehr Straßen, die zu einem »verkehrsberuhigten Bereich« erklärt werden. Dann wird dort dieses Schild aufgestellt. Hier dürfen zwar Autos fahren, aber nur sehr langsam. Nämlich mit Schrittgeschwindigkeit. Das gilt auch für Radfahrer. Außerdem dürfen Autos dann nur in extra eingezeichneten Parkplätzen parken. Auf Fußgänger und besonders auf Kinder müssen Autofahrer in diesen Bereichen achten – denn hier darf auf der Straße gespielt werden. Trotzdem ist beim Spiel Vorsicht angesagt, denn leider halten sich nicht immer alle Autofahrer an diese Regeln!

Durchblicker-Test

Spielen macht Spaß. Aber es kann auch gefährlich werden. Welche Kinder müssen hier besser aufpassen?

Auflösung:
- *Die beiden Mädchen werfen sich die Frisbeescheibe über die Straße zu. Das kann ins Auge gehen.*
- *Ein Junge läuft seinem Ball hinterher – direkt auf die Straße.*
- *Die Radfahrer schlängeln sich zwischen parkenden Autos hindurch.*

Flitzen mit Grips

Worauf du auf Rädern achten musst

Kerstin ist mächtig stolz auf ihr neues Fahrrad. Deshalb passt sie auch gut darauf auf. Eigentlich kann Kerstin schon gut Fahrrad fahren. Nur mit dem neuen Fahrrad ist sie ein wenig unsicher – noch ist es etwas groß.

Deshalb hat Papa heute auf dem Parkplatz eine kleine Trainingsstrecke für Kerstin aufgebaut. Aus alten Eimern, Brettern und Seilen hat er eine kurvenreiche Strecke, einen kleinen Slalom, verschiedene Tore und sogar eine kleine Rampe gebaut. Kerstin hat ihren Helm aufgesetzt und übt begeistert. Als ihre Freundin Mira vorbeikommt, macht auch sie mit.

Papa ist ein toller Trainer. Er gibt Tipps und schimpft gar nicht, wenn ein Toreimer umfällt.

Dann kommen Gerd und Hannes vorbei. Sie kichern: »Das ist doch babyleicht!« Da lädt Papa sie ein, es auch einmal zu versuchen. Gerd hält sich ganz gut, aber Hannes wirft beim ersten Mal fast alle Eimer um. Das wurmt ihn mächtig und so übt er den halben Nachmittag, bis es auch bei ihm prima klappt.

Zum Schluss lässt sich Papa noch etwas ganz Besonderes einfallen. Jeder bekommt einen Mohrenkopf in die linke Hand. Nun müssen alle die Strecke einhändig meistern. Wer es fehlerfrei schafft, darf ihn aufessen.

Da hält es auch Felix nicht. Als alle es geschafft haben, baut Papa den Parcours etwas um. Jetzt darf Felix mit seinem Kettcar losdüsen.

Zwei Versuche braucht er. Dann kann auch er glücklich seinen mühsam erkämpften Mohrenkopf verspeisen.

Das supersichere Fahrrad

So sieht ein Fahrrad aus, das dir bestmögliche Sicherheit bietet:

a Scheinwerfer (funktioniert und ist richtig eingestellt)
b Frontreflektor (weiß)
c Tretstrahler (gelb)
d Reflektoren in den Speichen von Vorder- und Hinterrad (je mindestens 2)
e Rücklicht (rot und natürlich funktionsfähig)

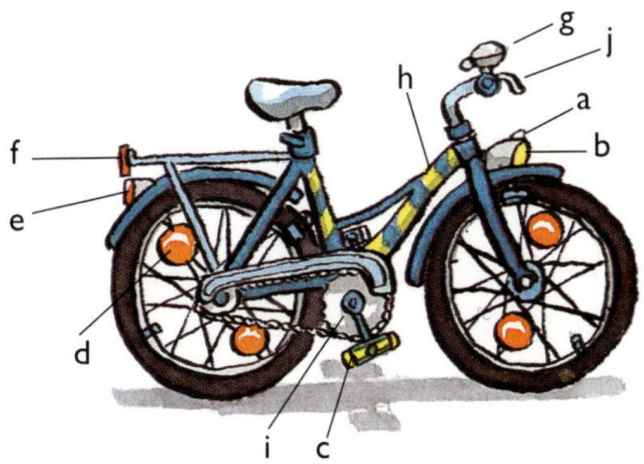

f Großer Rückreflektor (rot)
g Fahrradklingel (oder laute Hupe)
h Reflektor-Klebeband um den Rahmen gewickelt
i Rücktrittbremse (funktionsfähig)
j Handbremse (funktionsfähig)

Tolle Tipps

- Fahre niemals oben ohne! Wer Köpfchen hat, setzt einen Helm auf!
- Wenn du jünger als 10 Jahre bist, dann darfst du auf dem Gehweg fahren – wenn es keinen Radweg gibt.
- Rücksicht gegenüber Schwächeren ist im Verkehr immer wichtig. Merke dir: Radfahrer sind stärker als Fußgänger.
- Checke zu Beginn JEDER Fahrt dein Fahrrad: Bremsen in Ordnung? Luftdruck gut? Licht funktioniert? Sattel und Lenker wackeln nicht? Dann guten Flug...
- Fahrt in der Gruppe auf der Straße: IMMER hintereinander, nie nebeneinander.

Durchblicker-Test

Kerstin und ihre Freunde sind auf einer Fahrradtour. Doch nicht alle Kinder wissen, wie man sich als Radfahrer richtig verhält. Kannst du sagen, welche drei Kinder noch etwas lernen müssen?

Auflösung:
- *Ein Mädchen fährt auf der Straße, nicht auf dem Fahrradweg.*
- *Ein Junge fährt ohne Helm.*
- *Ein Junge fährt ein klappriges Fahrrad ohne Licht.*

Schlaue Kinder finden immer einen Weg

Wie du sicher heimfindest, wenn du dich verlaufen hast

Felix und Kerstin dürfen heute mit Papa aufs Volksfest. Dort ist wirklich jede Menge los. Karussells, Losbuden, Geisterbahnen und sogar ein riesiges Riesenrad. Und sooo viele Menschen. Fast werden die Kinder plattgedrückt.

Nach zwei Stunden voller Spaß und mit dicken Popcornbäuchen sind alle ein bisschen müde. Papa verkündet: »Jetzt geht es ab nach Hause! Kommt mit zum Parkplatz.«

Kerstin folgt Papa. Aber Felix hat eine Idee. Er kennt eine Abkürzung. Blitzschnell biegt er ab, flitzt zwischen zwei Buden hindurch und steht in einer anderen Gasse. Er biegt um eine Kurve, dann um noch eine – und steht auf dem Parkplatz. Aber wo ist Papas Auto? Felix sucht und sucht. Doch er kann es nicht finden. Weit und breit ist nichts von Papa und Kerstin zu sehen. Felix hat sich verlaufen. Wie kommt er jetzt nach Hause? Felix muss fast ein wenig weinen. Da bleibt eine nette Frau mit einem Kinderwagen vor ihm stehen.

»Hast du dich verlaufen?« Felix nickt. Die Frau fragt Felix, wo er wohnt, wie er heißt und ob er die Telefonnummer seiner Eltern weiß. Felix schüttelt den Kopf. Dann lächelt er: »Aber Mama hat sie mir aufgeschrieben. Papas Handynummer steht auch drauf.« Felix zieht einen Zettel aus seinem Geldbeutel. Die freundliche Frau ruft von der nächsten Telefonzelle aus an. Nur wenig später fallen sich Felix und Papa glücklich in die Arme. Dann bedanken und verabschieden sie sich.

Der Zettel mit der Telefonnummer war wirklich eine gute Idee.

Tolle Tipps

- In deinen Geldbeutel gehören (am besten in ein Extrafach) immer ein paar Telefonmünzen und/oder eine Telefonkarte und natürlich die Telefonnummer von zu Hause.
- Geh niemals mit einem Fremden mit. Auch wenn er noch so nett ist.
- Taxi- und Busfahrer kennen sich aus. Von ihnen bekommst du gewiss Hilfe.
- Wenn du jemanden um Hilfe bitten musst, dann suche möglichst eine Mutter mit Kindern. Sie versteht deine Situation.
- Nimm niemals irgendwelche Abkürzungen, die du nicht ganz genau kennst.

So liest man eine Landkarte

Es gibt für jede Gegend auf der Welt eine passende Landkarte. Darauf gibt es viele verschiedene Symbole. Hier siehst du die wichtigsten:

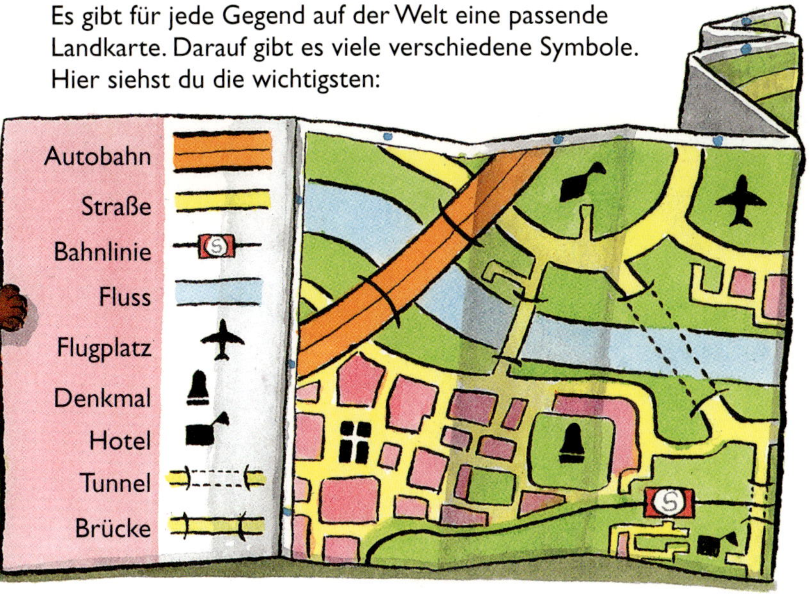

Bei allen Karten gibt es irgendwo am Rand eine Erklärung aller Zeichen. Das ist die Legende.

Durchblicker-Test

Es wird dunkel. Viele Menschen sind bereits zu Hause. Welche beiden Kinder machen etwas falsch?

Auflösung:
- *Ein Kind biegt in eine dunkle Gasse ein, statt auf dem hellerleuchteten Gehweg zu bleiben.*
- *Ein Kind fragt einen fremden Mann nach dem Weg.*

Durchblick im Schilderwald

Deine wichtigsten Verkehrszeichen

Draußen regnet es schon den ganzen Tag. Kerstin und Felix wissen nicht mehr, was sie spielen sollen. »Mama, uns ist so langweilig!«, nörgelt Felix.

Mama hat eine Idee: »Wenn ihr Papier und Buntstifte holt, machen wir ein Verkehrsschilderquiz.« Felix flitzt los und bringt Mama die Sachen. Dann fängt Mama an zu zeichnen. »Ich male euch Verkehrsschilder auf und ihr sagt mir, was sie bedeuten. Los geht's…«

Mal sehen, ob du die Verkehrszeichen genauso gut kennst wie Felix und Kerstin…

Die wichtigsten Verkehrszeichen

Radweg
Hier darfst du nicht nur mit deinem Fahrrad fahren, du musst es sogar. Dort wo es einen Radweg gibt, darf niemand auf der Straße oder auf dem Gehweg fahren. In Städten darf man oft nur in eine Richtung fahren, nämlich in der gleichen Richtung, in der auch die Autos direkt daneben unterwegs sind.

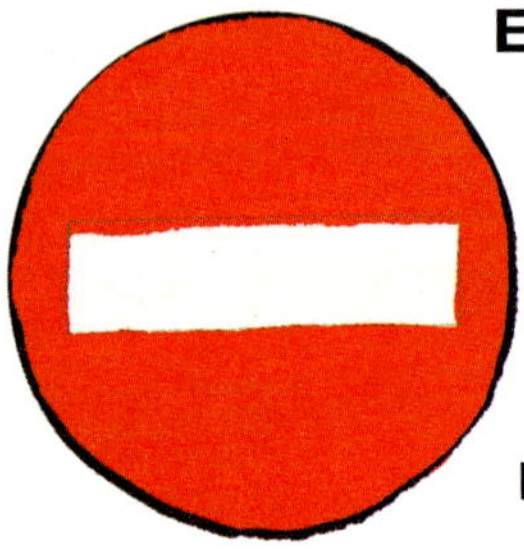

Einfahrt verboten
Hier darf kein Fahrzeug in die Straße hineinfahren. Oft ist es aber eine Einbahnstraße, aus der Fahrzeuge herausfahren. Schau beim Überqueren einer solchen Straße aber trotzdem in beide Richtungen.

Einbahnstraße
Hier dürfen alle Fahrzeuge nur in die auf dem Schild angezeigte Richtung fahren. Aber: Beim Überqueren der Straße trotzdem aufpassen! Denn nicht immer machen Autofahrer alles richtig.

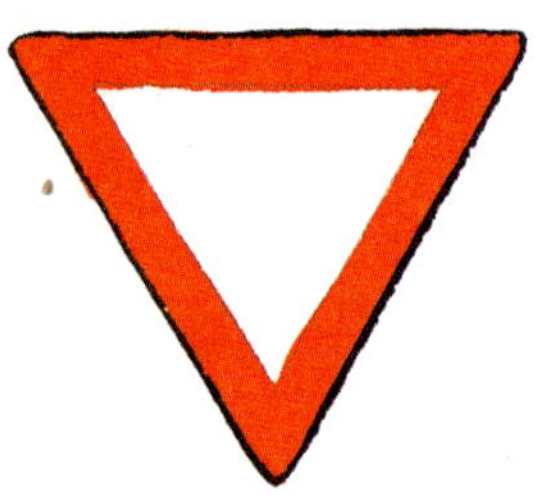

Vorfahrt gewähren
Dieses Schild steht immer dort, wo die Autos (und auch die Radfahrer) Vorfahrt beachten müssen. Das heißt, sie dürfen erst in die andere Straße einfahren, wenn genügend Platz vorhanden ist.

Vorfahrtsstraße
Das ist das »Gegenstück« zum Schild »Vorfahrt gewähren«. Alle Fahrzeuge auf dieser Straße haben Vorfahrt. Für Fußgänger heißt das: aufpassen. Denn die Autos fahren auf Vorfahrtsstraßen oft sehr schnell.

Gefährliche Kreuzung
Hier gilt – wie überall, wo es keine Schilder gibt – die Regel »rechts vor links«. Das Fahrzeug, das von rechts kommt, hat Vorfahrt.

Zebrastreifen
Hier gehen keine Zebras über die Straße, sondern Fußgänger. Und sie haben hier „Vorfahrt". Autos müssen warten. Doch nicht alle tun dies. Deshalb: Auch am Zebrastreifen immer gut schauen und erst loslaufen, wenn die Autos angehalten haben.

Fußgängerweg
Das ist der richtige Weg für Fußgänger. Autos dürfen darauf nicht fahren, auch keine Radfahrer. Nur Kinder unter 10 Jahren dürfen auf dem Gehweg fahren, wenn sie aufpassen und kein eigener Radweg vorhanden ist.

STOP
Hier muss jedes Fahrzeug anhalten und genau schauen, ob genügend Platz zum Einfädeln ist, bevor es weiterfahren darf. Radfahrer müssen mit mindestens einem Bein kurz auf der Straße stehen, bevor sie weiterfahren dürfen.

Verkehrsberuhigter Bereich
Solche Straßen sollte es viel mehr geben. Hier dürfen Autos nur in Schrittgeschwindigkeit fahren und Kinder auf der Straße spielen! Hier haben die Fußgänger »Vorfahrt«.

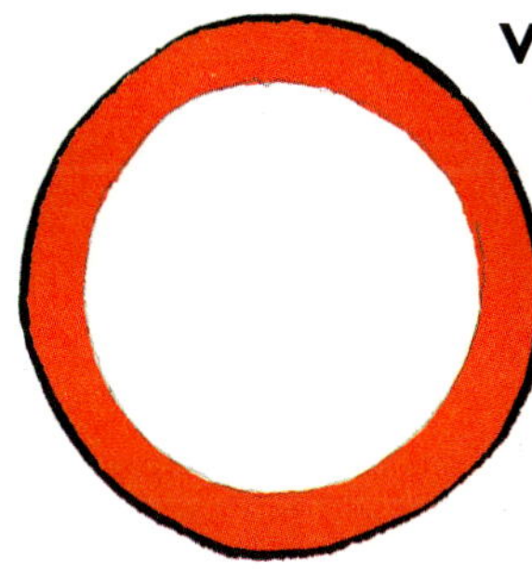

Verbot für Fahrzeuge aller Art
Hier darf kein Fahrzeug fahren. Übrigens auch kein Fahrrad. Das muss hier geschoben werden.

Durchblicker-Test

Manchmal gibt es mehr Schilder, als man beachten kann. Und manchmal gibt es auch Menschen, die sich nicht um die Verkehrsschilder kümmern. Findest du die drei Verkehrsteilnehmer, die sich falsch verhalten?

Auflösung:
- *Ein Autofahrer fährt in falscher Richtung in eine Einbahnstraße.*
- *Ein Kind spaziert ohne aufzupassen auf einem Radweg.*
- *Ein Radfahrer nimmt gerade einem Auto die Vorfahrt.*

Im Ernstfall: Cool bleiben

Wie du helfen kannst, wenn ein Unfall passiert ist

Kerstin, Felix und ihre Freunde spielen Fußball. Auf dem Spielplatz gibt es extra ein hoch eingezäuntes Fußballfeld. Gerade hat Felix ein tolles Tor geschossen, als sie erst ein lautes Quietschen, dann einen schweren Schlag hören. Alle schauen zur Straße und staunen nicht schlecht.

Ein Mann ist mit seinem Sportwagen zu schnell in die Kurve gefahren. Er ist gegen den großen Kastanienbaum am Eingang zum Spielplatz gerauscht. Alle laufen hin. Auch zwei Mütter, deren Kinder im Sandkasten spielten.

Im Nu hat sich eine Menschentraube ums Auto gebildet. Der Fahrer sitzt bewusstlos im Auto. Bestimmt ist er verletzt. Eine Mutter öffnet die Autotür und schaut vorsichtig nach dem Fahrer. Sie wendet sich an die andere Frau: »Ich schaue nach dem Verletzten. Nehmen Sie das Warndreieck aus dem Auto und stellen Sie es dort vor der Kurve auf. Und wer kann schnell zur Telefonzelle laufen und Hilfe rufen?«

Kerstin meldet sich gleich: »Ich?« Die Frau sieht sie kurz an: »Weißt du denn auch, welche Nummer du wählen musst?«

Kerstin strahlt: »Klar! Und ich weiß auch, was ich sagen muss. Wir hatten letzte Woche in der Schule einen Erste-Hilfe-Kurs.« Die Frau nickt freundlich. »Na, dann lauf mal los.«

Kerstin flitzt zur Telefonzelle. Und wenig später kommen schon Polizei und Krankenwagen. Zum Glück hat der Fahrer nur eine leichte Platzwunde am Kopf. Die Polizisten loben Kerstin: »Von dir kann mancher Erwachsener noch etwas lernen.«

Tolle Tipps

- Die Notrufnummern 110 (Deutschland) oder 144 (Österreich/Schweiz) verbinden dich direkt mit der Einsatzzentrale. Von vielen Telefonzellen und Handys kann man sie sogar kostenlos wählen. Von Notrufsäulen aus geht das ganz automatisch.
- Die 5 »W« helfen dir, wenn du einen Unfall melden musst: Wo ist der Unfall passiert? Was ist passiert? Wie viele Verletzte gibt es? Welche Verletzungen haben sie? Und zum Schluss: Warten – ob noch Fragen kommen!
- Kontrolliere mal den Verbandskasten in eurem Auto. Ist alles drin, was reingehört? Und habt ihr auch einen kleinen Feuerlöscher im Auto?

Das alles ist in einem Verbandskasten

• Pflaster für kleine Wunden • Wundschnellverbände für große Wunden • Schere zum Abschneiden von Pflaster und Verbänden und zum Aufschneiden von Kleidung • Plastikhandschuhe zum Schutz des Helfers vor ansteckenden Krankheiten • Folie, um Verletzte damit zuzudecken • Verbandspäckchen, die auf blutende Wunden gelegt werden • Mullbinden, mit denen Verbandpäckchen befestigt werden • Dreiecktuch für verschiedene Verbände und zur Ruhigstellung gebrochener Körperteile • Kleiner Ratgeber mit Erste-Hilfe-Tipps

Durchblicker-Test

Oje, ein Unfall ist passiert.
Hoffentlich ist niemand verletzt.
Kannst du erkennen, wer sich völlig falsch verhält?

Auflösung: • *Der Mann stellt das Warndreieck viel zu dicht hinter der Unfallstelle auf.* • *Die beiden Kinder starren auf die kaputten Autos statt nach Verletzten zu sehen.*

Vorsicht, Falle!

Niemals zu Fremden ins Auto steigen

Kerstin ist auf dem Heimweg vom Geigenunterricht. Die zwei Kilometer von der Musikschule nach Hause läuft sie sonst immer mit ihrer Freundin Mira. Doch heute ist Mira krank. So läuft Kerstin allein nach Hause. Es ist November und um diese Zeit wird es schon langsam dunkel.

Doch Kerstin ist kein ängstliches Mädchen. So schreckt sie auch nicht zurück, als neben ihr ein dunkler Wagen hält. Ein älterer Herr beugt sich aus dem Fenster: »Sag mal, junge Dame, wo geht es denn hier zum Bahnhof?«

Kerstin weiß Bescheid – und ist hilfsbereit: »Da sind Sie völlig falsch. Sie müssen umdrehen und ab der nächsten Kreuzung der Ausschilderung folgen.«

Der Mann lächelt Kerstin an. »Wie wär's denn, wenn du mir den Weg zeigst? Dafür spendiere ich dir 'ne Cola und bringe dich dann nach Hause. Ist doch viel zu kalt für so ein hübsches Mädchen wie dich.«

Kerstin schüttelt den Kopf: »Nein, ich soll nicht zu Fremden ins Auto steigen.«

Der Mann greift aus dem Auto nach Kerstins Arm. »Nun komm schon, dauert ja nur eine Viertelstunde.«

Kerstin reißt sich los und schreit laut. »Hilfe! Der Mann will mich ins Auto ziehen!«

Ein junges Paar kommt von der anderen Straßenseite herübergelaufen. Der Mann im Auto schaut gar nicht mehr nett und gibt Gas. Im Nu ist er ums Eck verschwunden.

Kerstin ist vor Schreck noch ganz zittrig. Aber sie lächelt, als die beiden sie loben: »Das hast du gut gemacht.«

Hilfe rufen

Jedes Kind kann einmal von einem Fremden angesprochen werden. Wenn du merkst, dass der Fremde Böses von dir will oder dir sogar wehtut, dann lauf weg. Geht das nicht, dann musst du Hilfe herbeirufen. Am besten funktioniert das mit einer ganz lauten Trillerpfeife, die du zum Beispiel auf dem Schulweg um den Hals trägst. Du kannst aber auch ganz laut schreien. Je lauter, desto besser. Übe das doch mal. Aber sag vorher deinen Eltern Bescheid, damit sie nicht erschrecken.

Tolle Tipps

- Such dir möglichst Freunde, mit denen du deinen Schulweg zusammen gehst. Denn Fremde, die Kinder entführen wollen, trauen sich nie an eine Gruppe.
- Steig nie zu Fremden ins Auto. Und geh auch nicht allein durch dunkle Straßen oder verlassene Hinterhöfe.
- Lass dir eine Trillerpfeife schenken, die du dir an einer Schnur um den Hals hängst. Wenn dich nun jemand bedrängt, dann pfeif ihm was.

Durchblicker-Test

Da passen doch zwei Kinder gar nicht auf! Hoffentlich geschieht ihnen nichts. Findest du die beiden?

Auflösung: • *Ein Kind lässt sich von einem Fremden mit einem Eis locken.*
• *Ein Kind steigt zu einem fremden Mann ins Auto.*

Jetzt wird es ernst…

Die große Fußgänger-Führerschein-Prüfung

Hier findest du fünf Szenen aus dem Straßenverkehr – und dazu immer eine Frage. Pass genau auf, denke nach und entscheide dich dann für die richtige Antwort. Wenn du mindestens vier von den fünf Fragen richtig beantworten kannst, dann hast du es geschafft. Du bist reif für den Straßenverkehr. Du bist fit, achtest auf Gefahren und hast ihn wirklich verdient: deinen eigenen höchststelbstpersönlichen Fußgängerführerschein.
Alles klar? Dann geht es los:

Frage 1

Du stehst an einer stark befahrenen Straße und hast es eilig, auf die andere Seite zu kommen. Was machst du?

A – Du wartest auf eine Verkehrslücke.

B – Du machst lieber einen Umweg über die Ampel.

Frage 2

Du gehst an einer Straße. Plötzlich endet der Gehweg. Was machst du?

A – Du läufst weiter am äußersten rechten Fahrbahnrand.

B – Du schaust gut und überquerst die Straße, wenn kein Auto kommt. Dann gehst du links weiter, wo du den Autos ins Gesicht sehen kannst.

Frage 3

Ist dieses Fahrrad verkehrssicher?

A – Nein, es fehlt etwas Wichtiges.

B – Klar, und wie!

Frage 4

Wer darf diesen Weg benutzen?

A – Fußgänger und Radfahrer, wenn sie noch nicht 10 Jahre alt sind und es keinen Radweg gibt.

B – Nur Fußgänger

Frage 5

Welches Kind ist sicherer gekleidet?

A – das Mädchen

B – der Junge

Du bist reif für den Straßenverkehr. Du bist fit, achtest auf Gefahren und hast ihn wirklich verdient: Deinen eigenen höchstpersönlichen Fußgängerführerschein.

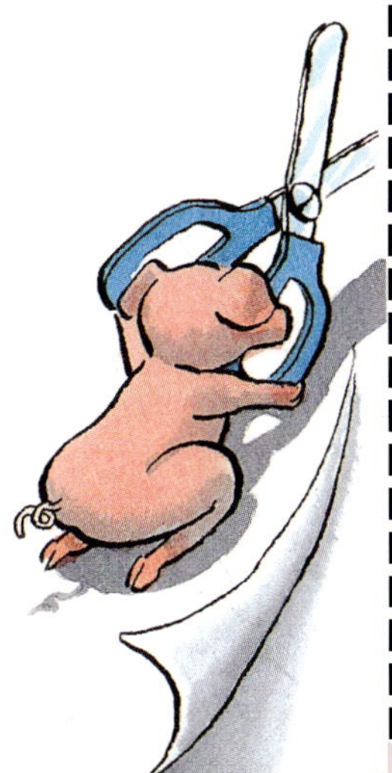

Fußgänger-Führerschein

Entnommen aus dem Buch
Fit im Straßenverkehr
von Gerit Kopietz/Jörg Sommer/Helmut Kollars,
erschienen im Annette Betz Verlag,
Wien – München 2000

Auswertung

Hier nun die richtigen Antworten:

Frage 1

B – Du machst lieber einen Umweg über die Ampel. Denn nur an einer Ampel kommst du wirklich sicher über die Straße.

Frage 2

B – Du schaust gut und überquerst die Straße. Denn nur auf der linken Seite schaust du den Autos entgegen – und das ist wichtig.

Frage 3

A – Nein, es fehlt etwas Wichtiges: Die Speichenreflektoren und die Lampen.

Frage 4

A – Fußgänger und Radfahrer, wenn sie noch nicht 10 Jahre alt sind und es keinen Radweg gibt.

Frage 5

A – Das Mädchen. Denn es hat helle Kleidung an, die man im Dunkeln gut sieht.

Hast du mindestens 4 Fragen richtig beantwortet? Dann hast du ihn verdient: Den Fußgängerführerschein ausschneiden oder die beiden Seiten fotokopieren lassen (am besten in Farbe) und zusammenkleben!

Der Inhaber/die Inhaberin dieses Führerscheins hat alle wichtigen Straßenverkehrsregeln für Fußgänger gelernt und die große Fußgängerführerscheinprüfung bestanden.
Er/Sie kennt die Gefahren, die im Straßenverkehr lauern, und weiß, worauf es/sie besonders achten muss.

Name des Inhabers/der Inhaberin

Datum, Unterschrift des Prüfers

Es muss nur noch dein Name eingetragen und ein Foto von dir eingeklebt werden. Dann ist er fertig. Dein Fußgängerführerschein beweist deinen Eltern, Großeltern, Freunden, Lehrern und anderen Erwachsenen, dass du wirklich fit bist für den Straßenverkehr. Du weißt wirklich (fast) alles über verkehrsgerechtes Verhalten, was du als Fußgänger wissen musst.
Glückwunsch! Du kannst stolz sein auf dich. Weiter so und denke immer daran:
Vorsicht lohnt sich – immer!